L'Enseignement supérieur des sciences en Allemagne

George Pouchet

Paris, 1869

Édition : BoD · Books on Demand, 31 avenue Saint-Rémy, 57600 Forbach, bod@bod.fr
Impression : Libri Plureos GmbH, Friedensallee 273, 22763 Hamburg (Allemagne)
ISBN : 978-2-3225-7115-4
Dépôt légal : Mars 2025

L'ENSEIGNEMENT SUPERIEUR

DES

SCIENCES EN

ALLEMAGNE

I. Jaccoud : *De L'Organisation des Facultés de médecine en Allemagne*, Paris 1864. — II. De Sybel : *Die deutschen und die auswärtigen Universitäten*, Bonn 1868. — III. Lorain, *De la Réforme des études médicales par les laboratoires*, Paris 1868.

Nous nous rappelons encore l'émotion avec laquelle, étudiant, nous franchîmes pour la première fois le seuil d'une des grandes universités allemandes. C'était à Berlin. L'université est dans le quartier d'honneur de la ville, en face du palais du roi, près de la statue de Frédéric II, au-delà du magnifique pont de la Sprée, que décorent huit groupes de marbre blanc racontant l'épopée de l'homme libre. Le bâtiment de l'université est sans faste, comme il convient au palais de la science. Il occupe les trois côtés d'une cour plantée de gazon, fermée en avant par une grille. Au rez-de-chaussée, de longs couloirs aux murailles nues font le tour du jardin et conduisent aux amphithéâtres ; les portes basses et massives semblent l'entrée d'autant de cellules de moines. A l'étage supérieur sont les collections et la bibliothèque. Les étudians vont et viennent, leurs cahiers sous le bras ; on n'y voit ni les *mütze* de couleur, ni les grandes bottes restées à la mode avec le duel dans les petites universités. Tout est recueilli, silencieux. Devant chaque porte, un tableau indique l'heure des leçons ; il y en a là presque à chaque moment de la journée. Dans les trente-deux amphithéâtres se font chaque semestre plus de trois cents cours sur toutes les sciences, mathématiques, naturelles, sociales et théologiques. En présence de cette prodigieuse activité, dont rien n'avait pu, même à Paris, nous donner une idée, nous faisions un retour vers la France, qui au siècle dernier imposait sa loi à toute l'Europe savante, nous songions à Goethe, plus attentif sur son lit de mort aux grandes luttes de l'Institut et du Muséum qu'aux révolutions de la politique européenne. À l'époque où nous assistions ainsi au réveil éclatant des études et de la science allemandes, peu de personnes avaient en France le sentiment d'une supériorité qui allait être quelques années plus tard reconnue par tout le monde, même par le gouvernement. L'Allemagne depuis ce temps a fait encore de nouveaux progrès. Qui sait si nous pourrons regagner tant de terrain perdu sans un de ces prodigieux élans, comme celui qui donna d'un seul coup à la France l'École normale, l'École polytechnique, le Conservatoire des arts et métiers, le Bureau des longitudes, le Muséum ? Du moins est-il nécessaire de nous bien pénétrer de l'organisation de l'enseignement en Allemagne, afin d'en comprendre l'esprit et de nous l'approprier, si cela est possible. Il est beau pour une nation de voir ses institutions enviées par une autre ; mais il est louable aussi d'envier pour soi-même les progrès réalisés ailleurs : c'est le premier effort pour les introduire chez soi.

I

En Allemagne comme en France, ce sont les facultés qui répandent l'enseignement supérieur et qui confèrent les grades académiques. L'analogie entre les institutions des deux pays s'arrête là. Le fait de la réunion des quatre facultés fondamentales de théologie, de droit, de médecine et de philosophie dans une seule ville constitue une université. On en compte vingt-six dans tout le pays germanique, y compris les cantons suisses allemands et les états slaves qui dépendent de la couronne d'Autriche.

4

Plusieurs des villes d'université sont de simples bourgades qui ont su se faire un nom dans l'histoire de l'esprit humain. Halle, Gœttingue, Tubingue, ont été le centre d'un mouvement scientifique considérable. Beaucoup de ces universités sont très vieilles, et ce n'est pas un des moindres sujets d'étonnement, quand on les étudie, que de voir des institutions sorties du moyen âge jouer encore à notre époque un si grand rôle. Le xive siècle a vu fonder les deux universités toujours fréquentées de Heidelberg (1346) et de Prague (1347). Celle de Leipzig date des premières années du xve siècle (1409). L'organisation, copiée alors sur celle de la Sorbonne, n'a pas beaucoup changé depuis cinq siècles, et c'est encore le même plan qui a servi pour les universités toutes récentes de Berlin (1809) et de Bonn (1818). On le trouve excellent, et ajuste raison. Ces universités, que ne rattache les unes aux autres aucun lien politique, ont chacune leur histoire ; elles ont eu leurs crises, leurs périodes d'éclat, leurs temps d'effacement. L'université de Vienne, en Autriche, après la réforme, devient presque protestante. Un détail marque bien l'esprit du temps : de 1576 à 1589, aucune promotion de docteur en théologie n'a lieu, et en 1626 on n'y compte pas moins de vingt-huit professeurs non catholiques. L'université passe alors pour un siècle aux jésuites, et quand elle leur est reprise en 1735, c'est pour devenir entre les mains de Charles VI et de ses successeurs une machine de gouvernement. Elle exerce la censure, et les Juifs ne peuvent y être admis. Cet état de choses dure jusqu'en

1848, et c'est alors seulement que l'université de Vienne commence de reprendre en Allemagne une place et un rôle dignes d'elle : elle a aujourd'hui une petite faculté de théologie évangélique avec six professeurs. Il n'est pas rare non plus que des universités aient été déplacées ou absorbées. L'antique université d'Ingolstadt (1472), transportée plus tard à Landshuh, est devenue en 1826 la brillante université de Munich. Celle de Fribourg en Brisgau (1457) a émigré à Constance pendant l'occupation française, de 1679 à 1697. A la même époque, l'université de Strasbourg, en raison de l'article 4 de la convention du 3 octobre 1681, passait avec la ville sous le protectorat de la couronne de France[1]. Strasbourg, en possession très réelle de toutes ses franchises, continua, pendant le XVIIIe siècle, d'être une ville allemande. Son université, plus prospère que jamais, attirait la jeunesse d'outre-Rhin. Goethe, le prince de Metternich, avaient étudié à Strasbourg. L'université fut supprimée en 1793. Ce fut sans doute une mesure regrettable ; mais la république a tant fait pour l'enseignement en France qu'on ne peut lui reprocher bien durement cette faute. L'élan qu'elle avait donné aux études de ce côté-ci du Rhin aurait produit des résultats merveilleux, si Napoléon ne s'était imaginé un jour d'organiser l'enseignement supérieur par les facultés.

Chaque université, désignée d'habitude par le nom de la ville où elle a son siège, se donne elle-même une dénomination rappelant le prince qui l'a fondée ou restaurée. C'est ainsi que Berlin a l'université Frédéric-

Guillaume, et Fribourg l'Albertine. L'université de Tubingue s'appela longtemps la Douce Eberhardine (*Alma Eberhardina*), du comte Eberhard le Barbu, qui la fonda en 1477. Restaurée en 1770 par le duc Charles, elle s'appelle aujourd'hui l'Eberhardino-Caroline. Toutes les universités se regardent et se traitent comme sœurs, en Prusse, en Autriche, en Suisse, en Bohême. Cette fraternité s'étend sans cesse. Les universités de Russie et de Hollande empruntent maintenant des professeurs à l'Allemagne. Un grand pas dans la civilisation sera accompli le jour où nos institutions modifiées permettront aussi à la France un pareil échange d'hommes de science avec les nations voisines[2]. Les universités allemandes, d'ailleurs absolument indépendantes les unes des autres, sont établies sur le même plan et soumises au même régime. Les détails des règlemens, la fortune particulière dont elles disposent, les rapports avec les gouvernemens sous lesquels elles sont placées, offrent quelques variantes ; le fond du système est partout le même. Si l'harmonie existe quelque part en Allemagne, c'est là. Dans ce pays si longtemps divisé, les universités ont travaillé peut-être plus efficacement que la diplomatie à effacer les traces de ce moyen âge d'où elles sortent, et à préparer l'unité allemande, qu'elles ont toujours reconnue en principe.

Une grave erreur est de croire que les universités d'Allemagne sont indépendantes des gouvernemens. En principe, l'état les subventionne ; de plus il nomme les professeurs. Sans doute il y a des universités assez riches pour pouvoir à peu près se passer de subsides. Telle est la petite université prussienne de Greifswald ; elle a 75,000 thalers de revenu et elle n'en reçoit que 1,200 du gouvernement. Le fonds de l'université, quand il y en a un, est la propriété de la corporation, et ne peut être aliéné par l'état. S'il est suffisant, l'université échappe en quelque sorte au pouvoir administratif, qui ne peut pas même la transporter d'une ville dans une autre. A Fribourg, la principale ressource de l'université est une dotation municipale qui serait annulée en cas de déplacement ; mais ce sont là des conditions exceptionnelles. La plupart des universités reçoivent de l'état un subside considérable, surtout si on le compare au budget des petits pays qui le votent. L'université de Leipzig a un revenu de 120,000 thalers ; la Saxe ajoute à cette somme 53,500 thalers par an. L'université de Berlin n'a que 72 thalers de revenu ; elle reçoit 180,000 thalers du gouvernement. La Prusse, pour ses sept universités, Berlin, Bonn, Breslau, Kœnigsberg et Munster, a pendant l'exercice 1861 dépensé 530,860 thalers, soit en chiffres ronds 2 millions de francs, auxquels viennent s'ajouter les revenus universitaires et les droits perçus. En tout, la Prusse a dépensé dans l'année 1861, avant les annexions, 2,500,000 francs pour l'enseignement supérieur[3]. Dans ce total ne sont pas compris les frais d'étude, toujours payés directement au professeur, dont ils constituent parfois tout le traitement.

Aux termes de la loi prussienne, « les universités du royaume sont des corporations privilégiées se composant de la réunion des professeurs, des étudians immatriculés, ainsi que des employés et sous-employés de son administration, » c'est-à-dire que toutes les personnes attachées à l'université jouissent des privilèges académiques. Il n'y a pas jusqu'aux maires d'armes, de natation, d'équitation, jusqu'aux appariteurs, au concierge, au geôlier, à l'allumeur, qui ne profitent de ces avantages, et ne voient leur nom à la suite de ceux des professeurs sur la liste officielle des membres de la corporation. Pour les étudians, le seul fait de l'inscription leur confère le droit de bourgeoisie dans l'université. Ils relèvent dès lors, comme les employés et les sous-employés, d'une juridiction spéciale, dont le représentant, en Prusse du moins, prend le nom de juge de l'université. C'est ordinairement un magistrat de la ville. Il a rang de professeur, et se tient à la gauche du recteur. Il connaît de tous les délits disciplinaires et correctionnels que commettent les étudians et les employés, même au dehors, et peut condamner à la prison. La peine est subie dans le cachot académique.

Quant aux professeurs, ils se gouvernent eux-mêmes, décident toutes les questions relatives à l'enseignement, et n'ont pas de soin plus jaloux que de maintenir intactes leurs vieilles prérogatives. Sans doute celles-ci ne sont plus ce qu'elles furent jadis, elles ont été amoindries par les expansions successives du droit commun ; mais elles sont restées une garantie d'indépendance pour le corps enseignant, et cela suffit pour qu'elles lui soient précieuses. Les professeurs ne relèvent que d'eux-mêmes et des chefs élus par eux. Chaque année, la faculté nomme son doyen, et les quatre facultés, réunies en assemblée générale, procèdent à l'élection du recteur et du sénat. Ce dernier corps se compose du recteur, de son prédécesseur, des quatre doyens soi tans et de six membres choisis parmi les professeurs. Il représente la plus haute expression du pouvoir académique et juge toute affaire en dernier ressort. Il est chargé d'administrer la corporation et de la défendre au besoin contre les envahissemens du pouvoir. C'est encore une prérogative universitaire que tout document publié par le sénat et revêtu de la signature du recteur est affranchi de la censure dans les pays où elle existe. Fières de leur indépendance, fortes de leurs droits, ces petites assemblées ont parfois fait entendre aux souverains de nobles paroles de liberté, qui eurent d'autant plus de retentissement que dans la plupart des états certains professeurs sont en même temps conseillers du gouvernement. Il ressort de là pour tout le personnel enseignant un haut titre à l'estime publique. En 1862, la chambre des députés de Berlin avait été dissoute par le roi. Le ministère Von der Heydt fut appelé à préparer les élections et la défaite du parti libéral. Le chef du cabinet prit son rôle au sérieux. Des circulaires furent adressées à tous les corps de l'état pour les inviter à participer, autant qu'il était en leur pouvoir, au triomphe de la politique royale dans les élections qui allaient se faire. L'université de Berlin reçut une circulaire dans ce sens, le 22 mars, par l'intermédiaire du ministre des cultes, dont elle dépend-Nous nous rappelons encore l'émotion causée dans l'université et dans le public à cette occasion. Malgré la modération extrême de la lettre ministérielle, le recteur et le sénat répondirent le 7 avril suivant en des termes qu'il peut être bon de faire connaître en France. « Il n'entre pas dans nos attributions, disait le sénat, d'examiner la circulaire du ministre de l'intérieur en tant que s'adressant aux fonctionnaires de son ressort ; il nous appartient encore moins de soulever la question de savoir jusqu'à quel point les employés d'une administration peuvent être liés par un ordre de leur chef dans l'exercice d'un droit politique commun, et jusqu'à quel point une telle pression doit être regardée comme opportune dans les élections qui se préparent. Nous voulons nous en tenir simplement au maintien des droits constitutifs de la corporation universitaire dont la défense nous est confiée, et à l'indépendance personnelle de chacun de ses membres. Aussi notre droit et notre devoir sont-ils de déclarer ici que nous ne pouvons tenir son excellence le ministre des cultes pour fondé à gêner en aucune façon les membres du corps académique dans l'exercice d'un vote politique, comme son excellence le ministre de l'intérieur l'a fait relativement aux employés de son ressort. » Les universités de Bonn et de Breslau répondirent à peu près dans les mêmes termes à la malencontreuse circulaire.

Ce n'est pas sans raison que l'on a comparé les universités allemandes à de petites républiques. En réalité, elles sont organisées à l'intérieur aussi démocratiquement que possible. Les fonctions de doyen et de recteur ne peuvent s'éterniser dans les mains d'un seul. Elles ne doivent jamais être conférées deux années de suite au même professeur. Il y a des universités où chacun est doyen à son tour et participe à tour de rôle au gouvernement de la chose académique. S'il présente une excuse, elle est appréciée, elle peut être rejetée. C'est grâce à cette organisation élective, susceptible par cela même de se modifier au fur et à mesure des besoins et du progrès, que les universités allemandes ont dû de prospérer par les causes contraires à celles qui tuent en France, après un demi-siècle, nos facultés militairement disciplinées.

Le personnel enseignant d'une université allemande se compose de quatre ordres ayant des droits bien distincts, les professeurs ordinaires, les professeurs extraordinaires, les *privat-docenten*, qu'on peut comparer à nos agrégés de faculté, enfin, bien au-dessous des précédens, les maîtres de langues et d'exercices. Ces derniers ne sont pas docteurs et se confondent presque avec les employés de la faculté. Ils enseignent toutes les langues étrangères, même parfois celles de l'Orient, la musique, le chant, l'équitation, la danse, les armes, la natation, la gymnastique, la sténographie, l'écriture. Les maîtres n'ont pas simplement le patronage académique. Leur enseignement est surveillé par le sénat ; les prix qu'ils doivent faire payer sont parfois soumis à un tarif ; quelques-uns reçoivent même de modiques traitemens.

Les professeurs ordinaires composent par excellence la faculté. Le doyen ainsi que le recteur sont toujours choisis parmi eux ; ils entrent seuls au sénat. Ils ne sont jamais nombreux. Les plus grandes facultés de philosophie, comme celles de Berlin, de Vienne, de Breslau, n'en comptent pas plus de vingt-cinq ou vingt-huit. C'est peu, si l'on réfléchit que dans les facultés de philosophie on enseigne l'universalité des connaissances humaines, à l'exception de la théologie, du droit et de la médecine. Leur nombre dépend de la richesse de l'université et de la vogue dont elle jouit : il s'abaisse dans les petites facultés au point d'être insuffisant et presque ridicule. A Iéna, la faculté de médecine n'a que cinq professeurs ; la faculté de droit de Giessen n'en a que quatre. Ces professeurs représentent en quelque sorte l'enseignement de la faculté réduit au plus strict nécessaire et suffisant à la grande rigueur aux exigences académiques ; mais ils ont à côté d'eux, en nombre toujours supérieur, les professeurs extraordinaires et les *privat-docenten*, qui viennent élargir et compléter le cadre des études. Les professeurs ordinaires sont nommés par le souverain sur une liste de présentation que dresse la faculté. Les formalités sont à peu près les mêmes dans tous les états allemands. La vacance de la chaire est publiquement annoncée par la voie des journaux, et tout docteur peut se constituer candidat en adressant une demande à la faculté. Celle-ci de son côté n'est pas tenue de choisir parmi les postulans : elle compose sa liste en toute liberté dans une assemblée spéciale à laquelle les professeurs ordinaires seuls prennent part. Cette liste renferme ordinairement trois noms ; mais, lorsque la faculté le juge convenable, lorsqu'elle veut donner un témoignage particulier d'estime à celui qu'elle propose, elle le présente seul. C'est un honneur qui est toujours d'usage quand le candidat désigné est déjà professeur ordinaire dans une autre faculté. Le recteur transmet la liste au ministre, celui-ci la présente au souverain ; mais il n'a le droit d'y rien changer. Ce privilège qu'a l'université de faire parvenir au chef de l'état l'expression de son choix sans qu'elle ait à subir le contrôle d'aucune autorité intermédiaire est une de ses plus antiques prérogatives et une de celles dont elle est le plus jalouse. Il est sans exemple, même en Autriche, que le chef de l'état ait fait une nomination en dehors de la liste de la faculté. Il y eut parfois, pour des motifs politiques, certains exemples de refus de nomination ; alors la place resta vacante jusqu'à ce que le différend fût vidé. Dans ce cas, le gouvernement oppose à la décision académique une sorte de *veto* ; mais il ne lui viendrait jamais à la pensée de substituer son initiative à celle de la corporation. Il arrive même ainsi quelquefois qu'il répond au sentiment public, dédaigné par les professeurs, affirmé par les étudians. Ceux-ci, membres de la corporation, peuvent en effet, dans certaines circonstances, intervenir directement. Quand ils croient avoir quelque motif sérieux de ne point approuver le choix fait d'un nouveau professeur ordinaire, ils ont le droit de faire entendre au souverain leurs vœux méconnus. Un des professeurs les plus notables de la faculté de médecine de Vienne ne doit sa chaire qu'à une démonstration de ce genre.

Tout professeur ordinaire, quoiqu'il reçoive un traitement de l'état, échappe, par le seul fait de sa nomination, à la censure administrative. On n'a jamais eu, ainsi qu'en France, l'ingénieuse idée de considérer les professeurs comme des fonctionnaires, et leurs honoraires comme un don gracieux qui commande la reconnaissance ou éteigne l'hostilité. Le célèbre Virchow, un des chefs les plus violens de l'opposition en Prusse, professeur à l'université de Berlin, touche 1,200 ou 1,500 thalers sur le budget sans que cela l'empêche d'attaquer le gouvernement à la tribune, dans ses cours, dans les réunions publiques. Nul ministre n'a jamais songé à lui faire entendre qu'il devrait au moins donner sa démission. C'est la Prusse qui paie ses professeurs et non le roi. Une chaire est un asile inviolable, et on a pu voir à la suite de la dernière guerre un professeur de Gœttingue, partisan déterminé de l'autonomie des petits états germaniques, entrer en lutte ouverte avec Guillaume Ier et personnifier au moins autant que le vieux roi de Hanovre la résistance à la Prusse.

Le traitement fixe des professeurs ordinaires varie d'une université à l'autre et même d'un professeur à l'autre dans la même université. Il est augmenté tous les dix ans. De plus le collège académique qui a voulu s'attacher un professeur jouissant déjà d'une grande notoriété a dû quelquefois pour l'attirer lui offrir des avantages extraordinaires. À chaque vacance, il se fait entre les universités une sorte de mise à prix du professeur fort curieuse. Tout se passe discrètement-, mais l'enchère n'est pas moins réelle. C'est ainsi qu'un professeur, selon son mérite comme savant ou son succès dans ses leçons, — ces deux avantages sont également recherchés, — arrive à s'élever des petites universités aux plus importantes ; mais, eut-il conquis sa situation à Vienne ou à Berlin, il doit lia maintenir au prix d'efforts incessans. Le professorat n'est jamais en Allemagne un champ de repos ou le couronnement d'une carrière qui finit. C'est toujours l'arène et le combat. Les intérêts matériels commandent de ne pas s'endormir.

Le professeur en effet ne reçoit pas de l'état, comme en France, la totalité de ses honoraires. Une partie est directement payée par les élèves. Le système français peut avoir ses avantages ; il a certainement quelques inconvéniens. Le moindre est qu'on s'habitue à regarder ce revenu fixe comme la récompense d'une vie consacrée au travail, et non comme la rémunération des soins donnés à l'enseignement. La conséquence est que le professeur s'occupe fort peu de ses élèves. Nos hommes de science ont rarement autour d'eux des étudiais qui les paient : ils se retranchent même à cet égard derrière une sorte de dignité qu'on juge sévèrement en Allemagne. « La gratuité de vos cours, nous disent les Allemands, a l'air d'être avantageuse aux élèves ; elle l'est surtout au professeur, qu'elle dispense d'un enseignement de toutes les heures, pour lequel il a le droit de prétendre qu'il n'est point rétribué. » Il est douteux en effet que la gratuité soit même avantageuses l'élève. Tous ceux qui ont fréquenté ou dirigé des laboratoires savent qu'à fort peu d'exceptions près ceux-là seuls travaillent qui paient. Nous sommes ainsi faits. La gratuité de l'enseignement supérieur, est une généreuse utopie ; mais c'est une utopie, et puis est-il bien juste que des études qui conduisent aux honneurs, aux grandes industries, à des situations brillantes et lucratives, soient gratuites, quand personne ne songe à demander la gratuité de l'enseignement secondaire, indispensable aujourd'hui pour entrer dans la plus modeste carrière. Il y a là une certaine inconséquence.

L'Allemagne trouve un double avantage à ce que le professeur, en plus du traitement fixe de l'état, touche une rétribution directe des élèves qui suivent ses leçons. D'abord le maître se préoccupe davantage de répondre à leurs besoins ; ensuite ses honoraires se proportionnent ainsi toujours à son mérite, soit qu'il attire les étudians par d'excellens cours, soit que l'on vienne de toutes parts écouter l'auteur de travaux éclatans. En France, l'étudiant paie chaque trimestre une inscription, qui ne lui conféré en réalité aucun droit, puisque les leçons des facultés sont publiques. Le montant de ces inscriptions vient s'ajouter au prix des examens et du diplôme. C'est un impôt sur le titre de docteur. En Allemagne, l'étudiant, au commencement de chaque semestre, choisit les cours qu'il lui convient de suivre. Il va s'inscrire au secrétariat en payant pour chacun d'eux une rétribution spéciale, dont le taux varie au gré du professeur. Les règlemens se bornent à fixer un *minimum*, et la manière, dont celui-ci est établi montre bien cette tendance constante de l'université, allemande de toujours rendre à chacun selon ses œuvres. Le *minimum* à payer par l'élève pour un cours semestriel est d'autant d'unités monétaires que le professeur fait de leçons par semaine. Fait-il cinq leçons, ce qui n'est pas rare, la rétribution est de 5 florins en Autriche, en Prusse de 5 thalers. Le professeur touche intégralement la rétribution ; mais elle est payée au secrétariat de la faculté, ce qui évite tout froissement, tout embarras. Le professeur, par ce revenu qu'il tire des étudians, est intéressé à faire beaucoup de leçons afin d'élever le *minimum*, et à les faire bonnes afin d'avoir beaucoup d'auditeurs. Par cette partie de son traitement qu'il touche de l'état, il est assuré contre la maladie et la vieillesse. Il n'y a point de retraite ; le titre de professeur est à vie. Quand les infirmités sont venues, le professeur se repose. Grâce aux professeurs extraordinaires, grâce aux *privat-docenten*, l'enseignement n'en souffre pas.

« L'université a pour mission, disent les règlements prussiens, de donner par des cours et d'autres exercices académiques l'instruction générale, scientifique et littéraire, aux jeunes gens convenablement préparés, par les études élémentaires, elle doit les mettre à même d'aborder avec des capacités suffisantes les diverses branches de service de l'état et de l'église, ainsi que toutes les professions qui exigent une éducation scientifique supérieure. » Ce n'est pas évidemment avec le petit noyau de ses professeurs, ordinaires que l'université peut suffire, à un tel programme. C'est ici qu'interviennent les professeurs extraordinaires et les *privat-docenten*. A Berlin, pour vingt-sept professeurs ordinaires à la faculté : de philosophie, il y a trente-trois professeurs extraordinaires. Le nombre de ceux-ci n'est jamais limité. Il dépend des ressources que l'université possède ou que le gouvernement met à sa disposition. La faculté trouve-t-elle qu'une branche importante ou nouvelle des sciences n'est pas représentée, comme il convient dans son enseignement, elle nomme pour combler la lacune, un professeur extraordinaire, ou encore elle donne ce titre à un homme de mérite qu'elle veut retenir en attendant qu'elle puisse se l'attacher de plus près. Les professeurs extraordinaires sont nommés par le ministre sur la proposition de la faculté. Leurs fonctions, sont à vie. Souvent ils n'ont d'autre traitement que la rétribution scolaire, dont ils fixent eux-mêmes le montant comme les autres professeurs. Par exception, un traitement fixe peut être alloué à ceux dont le cours n'est pas de nature à attirer beaucoup d'élèves. Quant à la qualité de *privat-docent*, elle est accessible à tout docteur. Elle s'acquiert par des épreuves spéciales dont les détails sont soigneusement réglementés. C'est un examen et non un concours. Il n'y a pas de concours en Allemagne ; ils se prêteraient mal à l'esprit universitaire, qui est de laisser la porte ouverte à toute capacité sans que rien, — hormis les besoins de l'enseignement, — vienne borner le nombre des activités individuelles qui veulent se produire. Les *privat-docenten* n'ont jamais d'autres émolumens que la rétribution scolaire, et perdent leur titre, s'ils restent deux ans sans professer. Ils varient l'enseignement de la faculté comme les professeurs extraordinaires le complètent. Les cours des *pvivat-*

docenten font souvent double emploi. Au reste rien n'est plus commun que de voir dans une faculté plusieurs cours sur le même sujet. Il en résulte entre les professeurs une émulation qui profite aux élèves. Liberté entière des deux côtés. Le maître enseigne ce qu'il veut et comme il veut ; l'étudiant va où il sait trouver économie et profit. Un curieux règlement lui permet de fréquenter *gratis* tous les cours de la faculté pendant les dix premiers jours du semestre. C'est seulement au bout de ce temps qu'il est tenu de faire un choix et de s'inscrire. Le certificat de présence à un seul cours, même d'un *privat-docent,* même d'une autre université, donne droit aux examens, et jamais l'examinateur ne trouve mauvais que le candidat n'ait point suivi ses leçons.

On a fait à l'enseignement supérieur allemand ce reproche, que le prix en était beaucoup plus élevé que le nôtre. Oui sans doute, ces rétributions payées aux professeurs au commencement de chaque semestre ont bientôt dépassé le montant des inscriptions trimestrielles prises par l'étudiant français ; mais il faut tenir compte de tout, du nombre d'heures consacrées par le professeur à ses cours, du nombre d'élèves qu'il a, des facilités données à l'enseignement pratique. On arrive ainsi sans peine à se persuader que le pécule de l'étudiant allemand est beaucoup mieux employé, et que la somme d'instruction à laquelle il aurait droit en France pour le même prix. ne saurait être comparée à celle qu'il se procure en Allemagne. Ajoutons que, quand on veut apprécier le prix des études dans un pays, il ne suffit pas de savoir ce que coûte l'école ; il faut se demander comment les dépenses scolaires se combinent avec les frais généraux de déplacement et d'existence. Il est clair que les petites villes d'université allemandes offrent aux étudians peu fortunés le bénéfice d'une vie à bon marché, qu'on ne trouve pas à Paris. Certaines universités, comme celle de Greifswald, sont presque uniquement fréquentées par les étudians pauvres, tandis que Bonn et Heidelberg, « où l'on boit du vin, » sont le rendez-vous de la jeunesse dorée. Enfin on doit tenir compte encore de certaines dispositions qui abaissent encore la dépense moyenne des études en Allemagne. Le professeur peut à son gré dispenser l'élève de toute rétribution. Il le fait toujours pour les étrangers qui lui sont présentés, et nous avons trouvé partout cette hospitalité du savoir largement pratiquée. Un autre usage dispense de la rétribution les fils des professeurs et de tous les dignitaires de l'université jusqu'au secrétaire. La faculté elle-même peut accorder la remise de la totalité ou de la moitié de la rétribution aux étudians qui justifient de leur indigence et témoignent en même temps, par un examen spécial, de leur instruction et de leur aptitude. On évalue à près de 1,200, c'est-à-dire à un cinquième du nombre des étudians allemands, ceux qui profitent de ces immunités. La dispense des frais d'étude prend aussi dans la plupart des facultés la forme de bourses fondées par l'état, par des communes, par des particuliers. A Greifswald, où l'université n'est fréquentée que par 350 étudians, il y a plus de quarante bourses. On les répartit au concours entre les étudians qui produisent un certificat d'indigence. Il y a d'autres fondations d'un ordre plus humble : l'université dispose toujours dans un restaurant de la ville d'un certain nombre de pensions gratuites qu'on donne chaque semestre à des étudians pauvres à la suite d'un examen spécial, lequel se fait avec une certaine solennité devant la faculté assemblée, et roule uniquement sur les matières enseignées pendant le semestre qui vient de finir. Signalons enfin des institutions qui, pour être conçues dans un esprit plus moderne, n'attestent pas moins énergiquement cette constante sollicitude de la mère commune, l'*alma mater*, pour ses enfans malheureux. Il existe à Heidelberg, depuis 1863, une association de secours pour les étudians malades. Les professeurs font partie de l'association. Les étudians paient une cotisation semestrielle qui n'excède pas 30 kreutzer, encore en sont-ils dispensés en cas d'indigence. Les professeurs apportent leur temps, leurs soins et leur bonne volonté. Les malades ont dans l'hôpital une salle spéciale ; ils choisissent le médecin qu'ils veulent. Ceux qui en ont les moyens paient pension, les autres sont soignés gratuitement. Le conseil de l'association se compose du protecteur[4], des deux professeurs de clinique de la faculté de médecine, d'un médecin de la ville, de deux professeurs élus chaque année par le sénat et de cinq étudians. On remarquera la place faite dans le conseil à l'élément extra-universitaire. La présence du médecin de la ville est une infraction aux anciennes mœurs de corporation ; on peut la regarder comme un véritable progrès.

Si nous avons rappelé les facilités que trouvent en Allemagne les étudians, c'est plutôt comme preuve de l'intérêt universel qu'y excitent les hautes études que comme un des côtes du système d'enseignement. Il est fort douteux que les secours, les bourses, les encouragemens de toute nature, les prix (inconnus dans les universités allemandes), contribuent aux progrès des études ou des sciences, comme nous avons l'air de le croire en France. Ce qui importe, c'est le nombre, la valeur, l'indépendance du personnel enseignant ;[5], le temps qu'il donne aux élèves. Ce qui importe surtout, c'est que l'enseignement puisse, sans retard comme sans secousse, recevoir toutes les modifications devenues nécessaires. L'enseignement supérieur français, enfermé des l'origine dans le moule administratif, est aujourd'hui ce qu'il était il y a cinquante ans : à peine quelques chaires nouvelles ont été créées. En Allemagne au contraire, l'enseignement, libre de toute entrave gouvernementale, par le seul effet de la concurrence des universités, n'a pas cessé ; un seul jour de se transformer, de s'agrandir, de se perfectionner. Depuis cinquante ans, le nombre des cours a au moins doublé. Les facultés de droit et de théologie sont restées à peu près stationnaires, mais les facultés de médecine et de philosophie, plus mêlées au mouvement de l'époque, ont vu leur personnel s'accroître tous les jours. A Berlin, le nombre des professeurs et des *privat-docenten* des facultés de médecine et de philosophie était de 127 au 1er janvier 1862 ; en 1864, il était de 140, soit 13 professeurs de plus en deux ans, et comme chacun fait en moyenne deux cours, c'est une augmentation de vingt-six cours semestriels. A la vérité, cette étonnante progression s'est arrêtée depuis 1864 à Berlin et dans toutes les universités des états allemands. Est-ce à dire que l'enseignement y soit arrivé à ce point d'être en parfait équilibre avec les besoins du pays ? Nous sommes tenté d'y voir plutôt une conséquence de la grande crise politique que traverse en ce moment l'Allemagne.

II

Cette harmonie constante de l'état de l'enseignement et du progrès des sciences est favorisée dans les amphithéâtres d'Allemagne par l'absence de tout programme. C'est un point fort important. Il n'y a pas de *chaires* proprement dites, il n'y a que des *professeurs*. La faculté n'est pas constituée par la réunion d'un certain nombre de cours, c'est un collège de professeurs qui enseignent à leur guise. A mesure que se manifeste une évolution des sciences, non-seulement le personnel de la faculté se modifie par l'adjonction d'hommes nouveaux ; mais chaque professeur varie lui-même ses leçons selon le courante de l'époque, au lieu d'avoir à se conformer, ne fût-ce qu'en apparence, à l'étiquette d'un programme contre-signé par un ministre il y a quelque vingt ans. S'il se trompe, si la direction qu'il suit, est mauvaise, les *privat-docenten* sont là : ils ne manqueront pas, — c'est leur intérêt, — de combler toute lacune laissée dans l'enseignement par les professeurs ordinaires ou extraordinaires. Un professeur vient-il à mourir, on ne se croit point obligé de nommer à sa place quelque honnête médiocrité dont le mérite est d'avoir soigneusement suivi les chemins battus. La faculté ne s'astreint jamais à perpétuer un cours. Depuis six ans, la faculté de philosophie de Berlin a eu à remplacer trois professeurs ordinaires, deux, de chimie et un d'astronomie ; elle a appelé à elle un physicien, un mathématicien et un paléontologiste.

L'enseignement allemand, grâce à cette liberté du professeur qui est le fondement même de son organisation, a pris un caractère de multiplicité, de variété et d'opportunité que ne pourra jamais réaliser l'administration, centrale la plus éclairée et la plus prévoyante. Chaque branche des sciences, aussi spéciale qu'on la puisse imaginer, même née d'hier, a droit de cité dans l'université, appelle à elle les étudians. Nous voudrions donner ici la liste entière des cours professés pendant le dernier semestre dans quelque grande faculté de philosophie. On y verrait toutes les sciences naturelles, historiques sociales, plus ou moins représentées selon la place qu'elles tiennent dans les préoccupations de l'époque : la théorie des observations micrométriques à côté du droit postal, les comédies de Molière à côté des monumens du cycle troyen. Le droit civil français est professé à Munich, Würzbourg, Fribourg en Brisgau, Berne et Heidelberg, L'instruction, revêt toutes les formes. Tel professeur commente un ouvrage qu'il va publier, tel autre raconte simplement un voyage qu'il a fait. Il n'est pas rare que les cours sur une littérature étrangère soient faits dans la langue même, en français, en italien, en anglais. Quelques vieux universitaires professent en latin. A Prague, il y a de jeunes *privat-docenten* qui enseignent dans l'idiome tchèque.

Chaque professeur fait ordinairement deux cours en même temps, même trois, dans des conditions pécuniaires différentes. Sur les programmes, ces cours postent, les mentions *publicen privatim, privatissime*. Les cours *publice* sont ceux pour lesquels l'étudiant n'a à payer que le minimum de la rétribution scolaire. Ce sont les plus nombreux. Les autres sont, si l'on veut, des espèces de conférences ou de véritables répétitions dont le prix est parfois élevé, mais qui n'en figurent pas moins au programme officiel et sont faites souvent dans les amphithéâtres de l'université. Ils roulent en général sur un point très spécial, ou sont d'une portée plus pratique ; parfois c'est en réalité un second enseignement. Tel professe la météorologie dans un de ses cours, et dans l'autre la physique expérimentale. Bopp faisait ses leçons publiée sur le sanscrit et ses leçons *privatim* sur les grammaires grecque, latine et allemande comparées.

On attache en général fort peu d'importance à la forme. Les leçons n'ont aucune prétention oratoire. Les professeurs n'ont d'autre soin que d'être compris. Quelques-uns ont parfois essayé dans les grandes villes de rompre avec l'antique simplicité académique en appelant à eux le public du dehors. Nous avons suivi à Berlin une tentative de ce genre faite par le physiologiste Du Bois-Reymond. Dans le grand amphithéâtre de l'université, qui ne contient cependant pas plus de 360 places, un soir de chaque semaine la population berlinoise s'entassait. Fort peu d'étudians ; c'étaient la plupart des hommes d'un certain âge, amateurs de sciences, anciens élèves de l'université, qui n'étaient pas fâchés de revoir ces murs témoins des études de leur jeunesse. M. Du Bois-Reymond lisait sa leçon, qu'il essayait de rendre éloquente. Elle roulait sur les plus récens progrès accomplis dans les sciences biologiques ; génération spontanée, antiquité de l'homme, paléontologie, tout y passait. Cette manière, dont les conférences de la Sorbonne peuvent donner une idée, sauf qu'il n'y avait point de dames et qu'on n'y faisait aucune expérience pour le plaisir des yeux, était trop contraire aux vieux usages universitaires pour ne pas exciter quelques petites jalousies. Avec un peu de malice, les étudians, à voir l'éminent physiologiste disserter ainsi de toutes choses, disaient qu'il visait à la succession de Humboldt. Ils disaient aussi que ces leçons, faites devant un public d'amateurs, n'étaient d'aucune utilité pour le progrès des sciences, et que M. Du Bois-Reymond eût mieux fait de laisser le soin de les vulgariser à ceux qui n'avaient point, comme lui, l'honneur de les avoir fait avancer.

Nulle part on ne trouve en Allemagne de grands amphithéâtres, comme à Paris et dans quelques villes de province. Les salles de leçons sont petites, souvent mal disposées, mal éclairées. Les personnes qui ont autrefois suivi les cours de l'école des langues, quand ils se faisaient à la Bibliothèque, auront une idée de ce que sont les amphithéâtres dans la plupart des universités d'outre-Rhin. A la rigueur, le premier coin venu est bon. M. de Siebold, à Munich, professe dans les combles du musée. Le sujet toujours très spécial des leçons, le petit nombre d'étudians qui les suivent, établissent bientôt une sorte d'intimité entre le maître et l'élève. Il y a quelques années, M. Ewald, l'orientaliste de Gœttingue, eut une affection qui l'empêchait de se lever. Il faisait son cours dans sa chambre. Les élèves, assis autour du lit, écrivaient, tandis que Mme Ewald vaquait aux soins du ménage. Il n'est pas rare que les cours, même les cours *publice*, se fassent ainsi chez le professeur, en famille. Aux leçons d'Ehrenberg, nous arrivions cinq ou six. Il nous recevait dans son cabinet, au milieu de ses microscopes, de ses livres et de ses ménageries d'infusoires parqués dans des tubes. On causait de la réunion précédente, on demandait des éclaircissemens qui parfois entraînaient à de longues digressions ; on cherchait une bête dans les tubes, on en trouvait une autre, et voilà la leçon encore dévoyée, ou bien c'était un point d'érudition à éclaircir, et, séance tenante, on fouillait la bibliothèque : somme toute, excellentes et profitables leçons que ces leçons ainsi faites à bâtons rompus.

Ce dédain de tout éclat, cette bonhomie, ne sont pas simplement affaire de formes, ils touchent à l'essence même de l'enseignement allemand. Le maître professe comme il travaille ; son cours n'est que l'exposition de sa méthode. Il creuse et il montre comment on creuse un sujet.

On a dit que le professeur allemand « travaillait tout haut » devant ses élèves ; l'expression est fort juste. En France, nos professeurs de science se bornent pour la plupart à exposer les résultats acquis. C'est au reste la méthode officielle, consacrée par l'existence d'un programme pour les cours de faculté. L'année dernière, M. de Sybel, professeur d'histoire à l'université de Bonn, dans un discours académique sur les universités allemandes et étrangères, a vivement critiqué notre système. « En France, a-t-il dit, le maître apporte le résultat de recherches souvent longues et laborieuses ; mais il ne dit rien à ses auditeurs des opérations intellectuelles par lesquelles il est arrivé à ces résultats. En Allemagne au contraire, on tâche surtout d'apprendre à l'étudiant la méthode d'une science. On cherche, non à le mettre en état de devenir lui-même un savant, mais à lui donner une idée claire des problèmes de la science et des opérations par lesquelles se résolvent ces problèmes. » D'une manière générale, les remarques de M. de Sybel sont fondées. Son tort est de les avoir étendues à tout l'enseignement français. Il y a des exceptions ; nous pourrions citer tels cours au Collège de France qui répondent exactement à l'idéal que se fait M. de Sybel. Le professeur n'a pas de programme ; il enseigne ce qu'il veut, le sujet le plus spécial ou la plus obscure question, il cherche à s'éclairer lui-même en même temps que ses auditeurs ; son amphithéâtre devient son laboratoire aux heures de la leçon. A défaut d'élèves nombreux, qu'on ne trouve jamais pour suivre, un cours ainsi fait, il a des disciples, il fait école. C'est là l'enseignement supérieur dans ses aspirations les plus hautes.

Jusqu'ici nous n'avons envisagé l'université allemande que comme une admirable machine d'enseignement ; elle est autre chose. En faisant du vrai mérite la condition de tout avancement, elle a atteint un but plus élevé, elle a fondé la grandeur scientifique du pays. Le *privat-docent* sait qu'il n'a d'autre moyen de parvenir que de se faire connaître par des recherches, des travaux meilleurs que ceux de ses concurrens. Il sait aussi que sa valeur personnelle n'aura jamais rien à redouter ni de l'intrigue, ni de la disgrâce, ni des bureaux, ni des appréciations lointaines d'un administrateur dont les complaisans ont surpris la bonne foi. Il n'aura de juges que ses pairs, les professeurs des autres facultés, sous la garantie de l'opinion publique. Les recueils scientifiques portent ses travaux au loin, les étudians répandent la renommée de son enseignement. L'avenir est à lui, il deviendra professeur titulaire ou au moins supplémentaire. Aucun pouvoir, aucune coterie, ne sauraient l'en empêcher. Il est sans exemple qu'un homme de valeur soit resté *privat-docent,* au second rang. Tel est le secret de cette décentralisation allemande qui nous frappe d'étonnement. Le privat-docent d'une grande université la quitte sans crainte, il n'a pas besoin d'y garder des amis ou un puissant protecteur pour y être rappelé un jour. Il est sûr qu'on viendra le tirer de l'exil des universités inconnues, comme Giessen, Piostock, Marbourg, s'il en est digne. Et dans le calme profond de ces petites villes, « habitées seulement, ainsi que disait Goethe, par des professeurs, des philistins, des étudians et du bétail, » il travaille tout à l'aise, il produit, il se fait connaître. Rien ne le vient déranger, c'est à peine si les bruits de la vie du monde arrivent jusque-là. Nous entendions un jour un anatomiste bien connu en Europe, M. Bischoff, se plaindre des distractions trop grandes de la ville de Munich. Munich ! à peu près aussi bruyante que Versailles ! Si les Allemands l'ont appelée l'Athènes du nord, ce n'est certes pas pour l'animation de la place publique. M. Bischoff regrettait sa vie à Erlangen, où il avait fait ses belles recherches d'embryogénie et de plus créé une collection d'anatomie. Il nous racontait quel bruit fit dans l'université et dans la ville l'arrivée d'un crocodile mort qu'on lui avait envoyé du Muséum de Paris. Ses aides, ses élèves, tous s'étaient mis à l'œuvre presque nuit et jour avec lui afin de ne rien perdre de la précieuse bête. On en tira un monde de préparations qui peuplent aujourd'hui la collection anatomique. Voilà la vie, voilà les grands événemens dans ces bourgades universitaires par où ont passé les noms les plus illustres de l'Allemagne. Tout le jour à leurs études et à renseignement, les jeunes professeurs se réunissent le soir à la brasserie, échangent entre eux les nouvelles scientifiques : on discute, les doctrines s'affirment, et de ce contact naît une ardeur plus grande pour la recherche du lendemain.

De là cette prodigieuse quantité de livres, de mémoires, de travaux originaux éclos chaque jour sur tous les points du territoire germanique. Parmi les nations de l'Europe, l'Allemagne est de beaucoup celle qui donne le plus grand effort à la poursuite de la vérité. Nous n'entendons nullement faire ici le procès à la science française. Les deux pays ne marchent pas dans les mêmes voies, ses travaux allemands sont tout de détail, d'érudition, d'investigation ; ce sont des œuvres de patience et de savoir solide, mais où manque souvent l'étincelle qui d'un livre fait jaillir une science. On ne trouve pas au-delà du Rhin de traités comme la *Mécanique céleste* de Laplace, les *Recherches sur les ossemens fossiles* de Cuvier ou l'*Anatomie générale* de Bichat. L'Allemagne enregistre journellement un nombre prodigieux de faits observés et de connaissances acquises, elle n'a peut-être pas aussi bien l'art de les interpréter, de les relier ou de les isoler par les procédés d'une méthode rigoureuse. Encore aujourd'hui les systèmes abondent chez nos voisins comme aux plus beaux temps de la métaphysique. Le cycle philosophique n'est pas encore fermé, l'ère purement scientifique n'est pas encore ouverte. L'Allemagne en un mot est moins affranchie du passé que la France ; le moyen âge subsiste en elle sous mille formes, même à l'université. Poussons la porte : nous sommes dans la salle d'honneur, l'*aula*. La faculté assemblée préside à la réception d'un docteur en médecine. Les examens sont terminés. Avant de remettre au candidat le diplôme, scellé du grand sceau de la faculté et signé de la main du doyen, le récipiendaire doit prêter le serment d'usage. C'est le juge de l'université qui en lit la formule, le candidat la répète, la main dans la main du juge. Or ce serment commence ainsi :

« Je jure de pratiquer la médecine non pour moi, mais pour la plus grande gloire de Dieu… » Il se termine comme il commence : «…. Je jure enfin de donner toute mon attention à sanctifier la religion par l'art que je pratiquerai. Que Dieu donc et son saint Évangile me viennent en aide ! » Quand le candidat est Israélite, on modifie quelque peu cette dernière invocation. Voilà comme on reçoit les docteurs dans la patrie de Fichte, de Schelling, de Hegel. Le serment, qui peut devenir une violence faite aux idées philosophiques du candidat, est prononcé en latin, et nous touchons ici à un autre côté gothique de l'enseignement allemand. Le latin y joue un rôle pédant qui n'a laissé chez nous, grâce à la révolution, que des traces à peine sensibles. Les discours académiques sont en latin, ainsi que la plupart des thèses ; on trouve toujours en latin dans ces dernières le récit abrégé de la vie du jeune docteur. La volumineuse brochure qui donne au commencement de chaque semestre l'heure et l'objet des cours de l'université est toute en latin. L'amphithéâtre, la chaire ; élevée au-dessus des bancs comme dans une classe de collège, rappellent aussi la vieille tradition pédagogique. La parole descend du maître à l'élève au lieu de lui être adressée en face, comme dans nos salles, disposées en gradins.

Cependant la science allemande se débarrasse peu à peu de tout cet appareil suranné, l'enseignement subit une transformation radicale. Avec sa merveilleuse souplesse, il se met à l'unisson des tendances modernes. Les amphithéâtres se renouvellent comme les doctrines qu'on y enseigne, les laboratoires sortent de terre, l'outillage se complète, et ce sont les sciences de la vie, liées de plus près que les autres aux problèmes religieux et sociaux de l'époque, qui marchent en tête de ce grand mouvement. A Berlin, l'anatomie est aujourd'hui logée dans un bâtiment de proportions grandioses et élégantes, sans futilités, sans ornemens déplacés ou prétentieux ; si les peintures archaïques des couloirs rappellent encore le vieil esprit allemand, la disposition générale de l'édifice est conçue d'après les vues les plus récentes de la science. On y trouve des collections, des cabinets d'instrumens, des salles d'étude pour toutes les recherches. L'amphithéâtre, construit sur le plan des nôtres, est machiné avec un soin curieux : la table arrive, chargée des objets de démonstration, dans le vaste espace réservé au professeur ; elle est mobile et peut être tournée dans toutes les directions. La chimie, la physique, ont aussi leurs amphithéâtres spécialement construits pour elles.

Le luxe déployé à Berlin en faveur des études pratiques d'anatomie l'est aussi également à Bonn. Pour les laboratoires de ces deux villes, le gouvernement prussien a dépensé 800,000 thalers environ, le royaume de Hanovre 100,000 thalers pour celui de Gœttingue, 100,000 thalers aussi le petit état de Bade pour le laboratoire de Heidelberg, le plus beau et en ce moment le plus célèbre de toute l'Allemagne. On l'appelle le Palais de la Nature (*Natur-Palatz*). Il est le domaine de M. Helmholtz. Celui-ci, après avoir fait ses études à Berlin, était devenu, tout jeune encore, professeur à l'université de Kœnigsberg. L'importance des travaux qu'il y publia le firent appeler à Bonn, où il enseigna l'anatomie et la physiologie. Le gouvernement prussien commit alors la faute de ne pas retenir par quelques sacrifices un homme de cette valeur. Le gouvernement de Bade, mieux avisé, lui fit les propositions qui devaient l'amener et le fixer à Heidelberg. C'était en 1857. Le nouveau professeur eut pleins pouvoirs de disposer son laboratoire à sa guise et de créer un établissement digne des grandes choses dont il entrevoyait déjà la réalisation. Le *Natur-Palatz* a des laboratoires spéciaux de chimie, de physique, de physiologie ; les instrumens abondent, et rien n'y manque de ce qu'exigent les recherches sur les sciences de la vie. Le *Natur-Palatz* est une des gloires de cet heureux petit pays de Bade. Les chambres votent tous les ans les fonds nécessaires à l'entretien, et, quand les professeurs le demandent, elle s'ouvrent des crédits supplémentaires pour les acquisitions importantes. Heidelberg a encore M. Bunsen ; Berlin lui a enlevé Kirchhoff. C'est à Heidelberg qu'ont été inaugurés ces beaux travaux d'analyse spectrale qui nous révèlent la constitution chimique des astres. Heidelberg, célèbre il y a quelques années par les études de droit qu'on y faisait, est aujourd'hui le centre des sciences physiques et physiologiques en Europe. L'état allemand qui de son budget entretient le *Natur-Palatz* retient MM. Helmholtz et Bunsen, attire tous les étudians de l'Allemagne et tous les savans de l'Europe dans une de ses universités, l'état qui fait cela est grand comme trois de nos départemens.

Le XVIIIe siècle avait donné aux sciences françaises la prépondérance dans toute l'Europe. En 1795, Pallas, Allemand de nation, imprimait à Saint-Pétersbourg en français son *Tableau physique et topographique de la Tauride*. Jusqu'en 1804, les *Mémoires de l'Académie de Berlin* sont rédigés en français ; le français était devenu la langue savante du continent. Toute cette avance est perdue. Les guerres de l'empire, couronnées par le réveil de la nationalité allemande, ont été le signal d'une violente réaction qui s'est étendue aux lettres et aux sciences. Les universités, après avoir élevé l'enseignement théorique à une grande hauteur, fondent aujourd'hui l'enseignement pratique sur les plus larges bases. L'esprit allemand en est renouvelé, il quitte ses langes séculaires, il entre dans la maturité de l'esprit moderne avec tous les avantages d'une organisation de son enseignement dont rien n'approche ailleurs. Aussi l'influence de l'Allemagne dans les sciences va-t-elle grandissant en Europe. Il y a quelques mois, un *privat-docent* de Berlin, appelé professeur dans la capitale de la Hollande, commençait son cours en allemand. Il donna cette raison à ses auditeurs étonnés, que l'allemand était désormais la langue scientifique universelle. A Paris même, une sorte de découragement presque coupable s'empare de nous ; les sciences de la vie elles-mêmes ont une tendance à se germaniser jusque dans la patrie de Buffon, de Bichat, de Geoffroy Saint-Hilaire. C'est là un état extrêmement grave ; il mérite toute l'attention de ceux qui ont à cœur de voir la France reprendre dans les sciences un rang digne d'elle. Il faut que leur patriotisme cherche les moyens de rallumer à tout prix le flambeau de vérité que la France tenait autrefois plus haut que toutes les nations du monde.

GEORGE POUCHET.

1. ↑ « Article 4. Sa majesté veut laisser le magistrat dans le présent estat avec tous ses droits et libre élection de leur collège, nommément celui des treize, quinze, vingt et un, grand et petit sénat, des eschevins, des officiers de la ville et chancellerie, des couvens ecclésiastiques, l'université avec tous leurs docteurs, professeurs et estudians, en quelque qualité qu'ils soient, le collège, les tribus et maistrises, tous comme avec la juridiction civile et criminelle. »
2. ↑ L'obstacle vient de nous. En France, les professeurs, véritables fonctionnaires de l'état, doivent remplir certaines conditions de nationalité. Rien de cela n'existe en Allemagne. La science y est considérée comme cosmopolite. Nous ne doutons pas que, si quelque savant éminent français sollicitait une place de professeur à Berlin ou à Vienne, il n'eût toutes chances d'y être appelé.
3. ↑ La population de la Prusse, d'après les documens prussiens, était évaluée à cette époque à 18,491,271 habitans.
4. ↑ A Heidelberg, le recteur est le grand-duc. Le premier magistrat de l'université prend le titre de prorecteur. Il a d'ailleurs toutes les prérogatives et toute l'indépendance des autres recteurs.
5. ↑ Malgré la différence de population qui existe entre la France et l'ensemble des états allemands, le nombre des étudians inscrits était, il y a quelques années, exactement le même dans les deux pays. En 1860, l'École normale, nos cinquante-deux facultés, les vingt et une écoles secondaires de médecine et les trois écoles supérieures de pharmacie, Avaient ensemble 19,671 étudians. Les vingt-huit universités allemandes, pendant le semestre d'été 1863, ont distribué l'enseignement à 19,009 étudians. Or, pendant cette même année 1863, le personnel enseignant était, pour ces vingt-huit universités, de 1966 professeurs et *privat-docenten*, dont chacun faisait en moyenne deux cours, soit un maître par dix élèves, un cours semestriel par cinq élèves.